INHALTSVERZEICHNIS

1. Einleitung

o Überblick über Amoxicillin

o Geschichte und Entwicklung

2. Chemische Zusammensetzung

o Struktur und Eigenschaften

o Wirkungsmechanismus

3. Indikationen

o Zugelassene Anwendungen

o Off-Label-Anwendungen

4. Dosierung und Verabreichung

o Empfohlene Dosierungen

o Verabreichungsformen und -wege

5. Pharmakokinetik

o Absorption

o Verteilung

o Stoffwechsel

o Ausscheidung

6. Gegenanzeigen

o Wann sollte es nicht angewendet werden

o Besondere Patientengruppen

7. Nebenwirkungen und unerwünschte Reaktionen

o Häufige Nebenwirkungen

o Schwerwiegende Reaktionen

8. Wechselwirkungen mit anderen Arzneimitteln

o Medikamente, die Amoxicillin beeinflussen

o Wirkung von Amoxicillin auf andere Arzneimittel

9. Resistenz

o Resistenzmechanismen

o Aktuelle Trends bei Resistenzen

10. Informationen zur Patientenberatung

o Was Patienten wissen sollten

o Tipps zur Einnahme von Amoxicillin

11. Schlussfolgerung

o Zusammenfassung der wichtigsten Punkte

o Zukünftige Forschungsrichtungen

12. Referenzen

o Akademische Studien

o Klinische Richtlinien

EINLEITUNG

Amoxicillin ist ein weit verbreitetes Antibiotikum, das zur Gruppe der Penicillin-Medikamente gehört. Es ist wirksam gegen ein breites Spektrum bakterieller Infektionen und wird häufig bei Erkrankungen wie Atemwegsinfektionen, Harnwegsinfektionen und Hautinfektionen verschrieben. Seine Wirksamkeit in Kombination mit einem positiven Sicherheitsprofil hat es zu einem festen Bestandteil sowohl im ambulanten als auch im stationären Bereich gemacht.

Geschichte und Entwicklung

Amoxicillin wurde in den 1960er Jahren entwickelt und als Ergänzung zu früheren Penicillinen entwickelt. Es bietet ein besseres Wirkungsspektrum gegen Bakterien und behält dabei einen ähnlichen Wirkmechanismus. Es wurde schnell aufgrund seiner oralen Bioverfügbarkeit beliebt, die im Vergleich zu anderen Antibiotika, die intravenös verabreicht werden müssen, eine bequeme Dosierung ermöglicht. Im Laufe der Jahre wurde Amoxicillin umfassend untersucht und ist ein wichtiges Mittel zur Vorbeugung bakterieller Infektionen geblieben, auch wenn die Antibiotikaresistenz zu einem wachsenden Problem geworden ist.

CHEMISCHES OPUS

Amoxicillin ist ein halbsynthetisches Derivat von Penicillin. Seine chemischen Bestandteile sind $C_{16}H_{19}N_3O_5S$ und es hat ein Molekulargewicht von etwa 365,4 g/mol. Die Struktur von Amoxicillin enthält einen Beta-Lactam-Ring, der für seine antibakterielle Wirkung wichtig ist. Dieser Ring ist mit einem Thiazolidinring verbunden und eine Aminogruppe ($-NH_2$) ist daran gebunden, die sein Gleichgewicht gegen Magensäure ergänzt und seine Wirksamkeit gegen bestimmte Bakterien erhöht.

Wirkmechanismus

Amoxicillin übt seine antibakterielle Wirkung aus, indem es die Synthese bakterieller Zellwände hemmt. Dies geschieht durch die Bindung an spezielle Penicillin-bindende Proteine (PBPs), die sich an der bakteriellen Zellmembran befinden. Diese Bindung stört die Vernetzung von Peptidoglykanschichten, was letztendlich zur Zelllyse und zum Zelltod führt. Aufgrund dieses Mechanismus ist Amoxicillin besonders wirksam gegen grampositive Bakterien und einige gramnegative Bakterien. Genauer gesagt sind die chemische Zusammensetzung und Struktur von Amoxicillin entscheidend für seine Funktion als Antibiotikum, da es dadurch eine Reihe bakterieller Krankheitserreger gezielt angreifen und beseitigen kann.

INDIKATIONEN

Amoxicillin wird für eine Vielzahl bakterieller Infektionen verschrieben, darunter:

1. Infektionen der Atemwege

o Lungenentzündung

o Bronchitis

o Sinusitis

o Mandelentzündung

2. Ohreninfektionen

o Mittelohrentzündung

3. Harnwegsinfektionen

o Blasenentzündung

o Pyelonephritis

4. Haut- und Weichteilinfektionen

o Zellulitis

o Impetigo

5. Magen-Darm-Infektionen

o H. Pylori-Eradikation (in Kombinationstherapie bei Magengeschwüren)

6. Zahninfektionen

o Parodontalinfektionen

Off-Label-Anwendungen

Zusätzlich zu den zugelassenen Warnsignalen kann Amoxicillin auch Off-Label-Anwendungen für folgende Zwecke durchgeführt werden:

- Vorbeugende Behandlung bei bestimmten Hochrisikopatienten (z. B. vor zahnärztlichen Eingriffen bei Patienten mit bestimmten Herzerkrankungen)

- Verschlimmerung chronischer Bronchitis

- Lyme-Borreliose (in frühen Stadien)

Das breite Wirkungsspektrum von Amoxicillin gegen verschiedene Bakterien macht es zu einer vielseitigen Alternative zur Behandlung verschiedener Infektionen. Es ist jedoch wichtig, es umsichtig anzuwenden, um das

Risiko einer Antibiotikaresistenz zu minimieren.

DOSIERUNG UND ANWENDUNG

Die Dosierung von Amoxicillin variiert je nach Art der Infektion, Schweregrad und Alter des Patienten. Hier sind die gängigen Richtlinien:

1. Erwachsene

o Infektionen der Atemwege: 500 mg alle 12 Stunden oder 250 mg alle 8 Stunden.

O Infektionen der Harnwege: 500 mg alle 12 Stunden oder 250 mg alle 8 Stunden, je nach Schweregrad.

o H. Pylori-Eradikation: 1.000 mg (in Kombination mit anderen Mitteln) alle 12 Stunden.

2. Kinder

o Allgemeine Infektionen: 20-40 mg/kg/Tag, aufgeteilt in ein oder drei Dosen, je nach Schweregrad der Infektion.

o Mittelohrentzündung: 80-90 mg/kg/Tag, aufgeteilt in Dosen.

Formen und Verabreichungswege

Amoxicillin ist in verschiedenen Darreichungsformen erhältlich:

- Tabletten: Normalerweise 250 mg, 500 mg und 875 mg.

- Kapseln: Normalerweise in 250 mg und 500 mg erhältlich.

- Orale Suspension

Dosierung: Normalerweise 125 mg/5 ml oder 250 mg/5 ml, geeignet für Kinder oder Personen, die Probleme beim Schlucken von Kapseln haben.

Verabreichungsrichtlinien

- Zeitpunkt: Amoxicillin kann mit oder ohne Nahrung eingenommen werden, obwohl die Einnahme mit Nahrung auch Magen-Darm-Beschwerden lindern kann.

- Dauer: Es ist wichtig, die Antibiotikakur wie verordnet

vollständig abzuschließen, auch wenn sich die Symptome verbessern, um die vollständige Ausrottung der Infektion sicherzustellen und das Risiko einer Resistenz zu verringern.

Besondere Überlegungen

• Nierenfunktionsstörung: Bei Patienten mit Nierenfunktionsstörung können Dosisanpassungen erforderlich sein.

• Verpasste Dosis: Wenn eine Dosis vergessen wurde, muss sie eingenommen werden, sobald man sich daran erinnert, es sei denn, es ist fast Zeit für die nächste Dosis. In diesem Fall überspringen Sie die vergessene Dosis und halten Sie sich an den üblichen Zeitplan. Vermeiden Sie eine Verdoppelung der Dosen.

PHARMAKOKINETIK

Die Pharmakokinetik beschreibt, wie ein Arzneimittel im Körper absorbiert, verteilt, verstoffwechselt und ausgeschieden wird. Für Amoxicillin sind dies die folgenden Methoden:

1. Absorption

- Amoxicillin wird gut aus dem Magen-Darm-Trakt absorbiert, mit einer oralen Bioverfügbarkeit von etwa 70-90 %. Die Anwesenheit von Nahrung beeinflusst die Absorption nicht wesentlich, sodass es leicht verabreicht werden kann.

2. Verteilung

• Sobald Amoxicillin im Blutkreislauf ist, wird es im gesamten Körper verteilt. Es durchdringt zahlreiche Gewebe und Körperflüssigkeiten, einschließlich der Lunge, der Nieren und des Mittelohrs. Das Medikament kann auch die Plazenta passieren und wird in die Muttermilch ausgeschieden, obwohl es während der Schwangerschaft und Stillzeit allgemein als sicher gilt.

3. Stoffwechsel

• Amoxicillin wird in der Leber nur minimal metabolisiert. Der

Großteil des Medikaments bleibt unverändert im Blutkreislauf, was für seine antibakterielle Wirkung von Vorteil ist.

4. Ausscheidung

• Die Eliminationshalbwertszeit von Amoxicillin beträgt bei gesunden Erwachsenen 1 bis 1,5 Stunden. Es wird im Allgemeinen unverändert über den Urin ausgeschieden (etwa 60–70 %), der Rest wird über den Kot ausgeschieden. Bei Patienten mit Nierenfunktionsstörung ist die Clearance von Amoxicillin verringert, was eine Dosisanpassung erforderlich macht. Zusammenfassung Das pharmakokinetische Profil von Amoxicillin ermöglicht eine wirksame Behandlung von Infektionen durch bequeme orale Verabreichung, schnelle Absorption und große Verteilung im Körpergewebe. Das Verständnis dieser Eigenschaften hilft Klinikern dabei, die Dosierung zu optimieren und die Reaktion des Patienten auf die Behandlung vorherzusagen.

GEGENANZEIGEN

Amoxicillin sollte mit Vorsicht angewendet werden und ist in bestimmten Fällen kontraindiziert:

1. Überempfindlichkeitsreaktionen

• Allergie gegen Penicilline: Amoxicillin ist bei Personen mit einer bekannten allergischen Reaktion auf Amoxicillin oder andere Penicillin-Antibiotika kontraindiziert. Bei anfälligen Personen können schwere Überempfindlichkeitsreaktionen wie Anaphylaxie auftreten.

2. Vorgeschichte schwerer allergischer Reaktionen

• Patienten mit einer Vorgeschichte schwerer Überempfindlichkeitsreaktionen auf Beta-Lactam-Antibiotika (z. B. Cephalosporine) sollten die Anwendung von Amoxicillin vermeiden, da es zu einer Pass-Reaktivität kommen kann.

3. Infektiöse Mononukleose

• Die Anwendung von Amoxicillin bei Patienten mit infektiöser Mononukleose (häufig verursacht durch das Epstein-Barr-Virus) kann zu einer hohen Prävalenz von Hautausschlag führen, was die Diagnose und Behandlung der Erkrankung erschweren kann.

4. Nierenfunktionsstörung

• Obwohl es keine strikte Kontraindikation ist, sind bei Patienten mit schwerer Nierenfunktionsstörung Dosierungsanpassungen erforderlich. In solchen Fällen wird eine sorgfältige Überwachung empfohlen, um Toxizität zu vermeiden.

5. Schwangerschaft und Stillzeit

• Obwohl Amoxicillin während der Schwangerschaft und Stillzeit im Allgemeinen als sicher angesehen wird, sollte es nur angewendet werden, wenn es unbedingt erforderlich ist und von einem Arzt verschrieben wird.

Besondere Hinweise

• Informieren Sie das medizinische Personal stets über Allergien, Erkrankungen oder die Einnahme anderer Medikamente, um mögliche Kontraindikationen und Wechselwirkungen zu vermeiden.

Kurz gesagt, obwohl Amoxicillin ein häufig verwendetes Antibiotikum ist, ist es wichtig, die Krankengeschichte und die Erkrankungen des einzelnen Patienten zu bewerten, um eine sichere und wirksame Anwendung sicherzustellen.

NEBENWIRKUNGEN UND UNERWÜNSCHTE REAKTIONEN

Obwohl Amoxicillin im Allgemeinen gut vertragen wird, können bei einigen Patienten leichte Nebenwirkungen auftreten, darunter:

1. Magen-Darm-Probleme

o Übelkeit

o Erbrechen

o Durchfall

o Bauchschmerzen

2. Hautreaktionen

o Ausschlag

o Juckreiz

3. Zentrales Nervensystem

o Kopfschmerzen

o Schwindel

Schwere Nebenwirkungen

Obwohl selten, kann Amoxicillin schwerwiegendere Nebenwirkungen verursachen, darunter:

1. Allergische Reaktionen

o Anaphylaxie: Eine lebensbedrohliche Überempfindlichkeitsreaktion, die Atembeschwerden, Schwellungen im Gesicht oder Rachen und Nesselsucht umfassen kann.

O Schwere Hautreaktionen: Wie Stevens-Johnson-Syndrom oder toxische epidermale Nekrolyse.

2. Hämatologische Reaktionen

o Thrombozytopenie (geringe Anzahl an Blutplättchen)

o Leukopenie (geringe Anzahl an weißen Blutkörperchen)

o Agranulozytose (extremer Abfall der Anzahl weißer Blutkörperchen)

3. L

Lebertoxizität

o Erhöhte Leberenzyme

o Hepatitis oder Gelbsucht in seltenen Fällen

4. Nierenprobleme

o Interstitielle Nephritis (Nierenentzündung)

5. Clostridium difficile-Infektion

o Längerer Gebrauch von Antibiotika wie Amoxicillin kann die normale Darmflora stören und zu einem Überwuchern von C. difficile führen, was schweren Durchfall zur Folge hat.

Behandlung von Nebenwirkungen

- Leichte Reaktionen: Oft mit unterstützender Behandlung möglich (z. B. Flüssigkeitszufuhr bei gastrointestinalen Symptomen).

- Schwere Reaktionen: Sofortige ärztliche Behandlung ist erforderlich, insbesondere bei Überempfindlichkeitsreaktionen oder Symptomen einer Lebertoxizität.

KONFRONTATION

Amoxicillin steht wie andere Antibiotika aufgrund der bakteriellen Resistenz vor schwierigen Bedingungen. Die wichtigsten Mechanismen sind:

1. Beta-Lactamase-Produktion

o Viele Bakterien produzieren Enzyme, die als Beta-Lactamasen bezeichnet werden und den Beta-Lactam-Ring von Amoxicillin hydrolysieren und unbrauchbar machen können. Dies ist der häufigste Resistenzmechanismus.

2. Veränderung der Penicillin-bindenden Proteine (PBPs)

o Einige Bakterien verändern ihre PBPs und verringern dadurch die Bindungsaffinität von Amoxicillin, was seine Wirksamkeit mindert.

3. Effluxpumpen

o Bestimmte Bakterien können Antibiotika, einschließlich Amoxicillin, aktiv aus ihren Zellen herauspumpen, wodurch die Arzneimittelempfindlichkeit und -wirksamkeit verringert wird.

4. Reduzierte Durchlässigkeit

o Veränderungen in der bakteriellen Zellmembran können verhindern, dass Amoxicillin in die

Zelle gelangt, und so Resistenzen hervorrufen.

Aktuelle Trends bei Resistenzen

• Staphylococcus aureus: Methicillinresistenter Staphylococcus aureus (MRSA) ist resistent gegen alle Beta-Lactam-Antibiotika, einschließlich Amoxicillin.

• Enterobacteriaceae: Einige Stämme haben eine ausgeprägte Resistenz gegen Amoxicillin entwickelt, insbesondere aufgrund der Produktion von Beta-Lactamasen mit verlängertem Wirkungsspektrum (ESBLs).

- Streptococcus pneumoniae: Die Resistenzraten sind gestiegen, was sich auf die Behandlungsmöglichkeiten für Lungenentzündung und Mittelohrentzündung auswirkt.

Auswirkungen auf die Behandlung

- Einhaltung von Leitlinien: Gesundheitsdienstleistern wird empfohlen, aktualisierte medizinische Richtlinien zu befolgen, die in bestimmten Fällen einen Empfindlichkeitstest empfehlen.

- Kombinationstherapie: In einigen Fällen kann Amoxicillin in Kombination mit Clavulansäure (wie in Augmentin) verwendet werden, um die Beta-Lactamase-Aktivität zu hemmen und ihr Wirkungsspektrum zu erweitern.

ENDE

www.ingramcontent.com/pod-product-compliance
Lightning Source LLC
Chambersburg PA
CBHW030100230526
45471CB00003B/1179